LA COMPOSITION DU BLÉ,

Par M. PELIGOT.

(Mémoire lu à l'Académie des Sciences, le 5 février 1849.)

(Extrait des *Annales de Chimie et de Physique*, 3ᵉ série, t. XXIX.)

Les recherches que j'ai l'honneur de soumettre au jugement de l'Académie font partie d'un travail que j'ai entrepris dans le but de déterminer la composition des principales sortes de grains qui sont employés comme aliments. L'origine de ce travail est déjà ancienne : à la suite du déficit dans la récolte des céréales et des pommes de terre pendant les années 1846 et 1847, déficit qui a pesé d'une manière si lourde sur presque toutes les populations européennes, M. le Ministre de l'Agriculture et du Commerce avait confié au Conseil de perfectionnement du Conservatoire des arts et métiers la mission d'étudier expérimentalement diverses questions agricoles et économiques, se rattachant, soit à la maladie des pommes de terre qui sévissait alors dans toute son intensité, soit à la culture et à l'emploi des divers produits végétaux réclamés par l'alimentation publique. Membre de la Commission spéciale chargée de poursuivre les expériences, j'ai été chargé par mes collègues, MM. Boussingault, Payen, Morin et Moll, d'étu-

P.

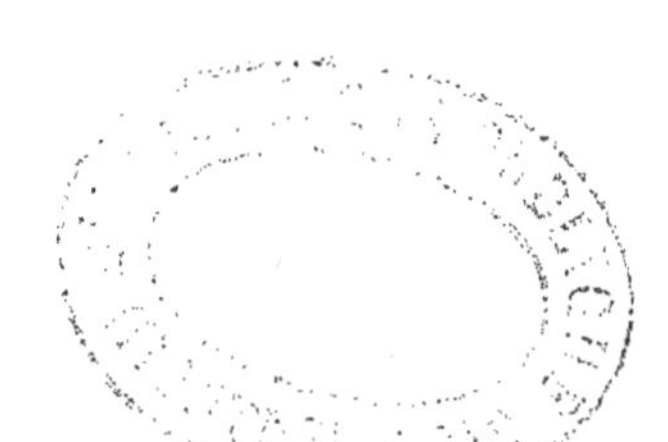

dier les questions relatives à la confection du pain, et notamment de faire des essais dans le but d'obtenir avec la
farine d'avoine un pain plus beau et meilleur, à tous égards,
que celui qu'on fait dans quelques contrées avec cette céréale. L'intérêt que présente la solution de cette question
est d'autant plus grand, qu'on a remarqué que l'avoine
est souvent abondante et à bas prix, dans les années où le
froment est rare et cher.

Les tentatives que j'ai faites pour panifier l'avoine
n'ayant pas été heureuses, et les circonstances ne donnant
pas à mon travail un caractère d'urgence, car, en 1846
et 1847, toutes les ressources alimentaires ayant manqué à
la fois, le prix de l'avoine s'est maintenu à un prix relativement plus élevé que celui du blé, j'ai été conduit à rechercher, dans l'examen comparatif du froment et de l'a-
voine, la cause des différences qu'on observe quand on
cherche à transformer en pain les farines de l'une ou
l'autre de ces céréales ; ces différences ne sont pas expli-
quées par leur composition, puisque, d'après les analyses
connues, le froment et l'avoine contiennent les mêmes
substances, réunies à peu près dans les mêmes proportions. Cette étude m'a conduit beaucoup plus loin que je
ne pensais ; car, pour déterminer avec quelque précision
la composition de l'avoine, j'ai dû consacrer beaucoup de
temps à déterminer d'abord celle du froment.

Le froment, dans son état normal, n'a été analysé d'une
manière complète par aucun chimiste. Plusieurs travaux ont
été entrepris pour déterminer la composition de la farine ;
beaucoup d'autres ont eu pour objet de reconnaître les falsi-
fications qu'on fait trop souvent subir à cette substance alimentaire ; quelques recherches ont été faites dans le but de
déterminer isolément quelques-uns des principes du blé,
tels que l'eau, la matière grasse, la matière azotée, l'amidon, etc. : mais quand on essaye de coordonner ces différents résultats, on voit bien vite qu'il est impossible d'en

déduire la composition normale d'une seule variété de froment; cette composition varie d'ailleurs considérablement,
tantôt pour l'un, tantôt pour l'autre de ses éléments, selon
l'espèce de blé et surtout selon la nature du climat, celle
du sol, etc.

J'ai cherché à combler en partie cette lacune : j'ai analysé,
aussi complétement qu'il m'a été possible de le faire, un
certain nombre d'échantillons de blé, d'origine authentique, représentant à peu près les principales sortes qu'on
trouve dans le commerce. Je me suis attaché à déterminer
la proportion de chacun de leurs éléments. Pour atteindre
ce but, j'ai employé, tantôt des méthodes connues, dont
j'ai discuté la valeur, tantôt des procédés nouveaux. L'a-
nalyse exacte de substances alimentaires aussi complexes
que le blé par le nombre et par la nature de leurs principes constituants, présente, dans son exécution, trop
de difficultés pour que je puisse me flatter qu'il n'y ait
plus à revenir sur les résultats auxquels je suis arrivé. Ces
difficultés, qui tiennent essentiellement à l'insuffisance
des procédés analytiques dont nous disposons actuellement
pour séparer les unes des autres les substances que la chimie organique désigne sous le nom de *substances neutres*,
sont assurément de nature à rebuter beaucoup d'obser-
vateurs, d'autant qu'une analyse exacte des céréales ne
promet, à celui qui l'exécute, aucun résultat bien nouveau
ni bien inattendu. Néanmoins, lorsqu'on voit tout le parti
que le commerce et l'industrie savent toujours tirer de la
connaissance de nouveaux moyens chimiques qui tendent
à établir, d'une manière plus exacte, la nature des produits de consommation générale; lorsqu'on considère que,
pour arriver à la solution de cette importante question,
établir le prix réel d'une substance alimentaire, il faut,
avant tout, déterminer avec précision la nature et la proportion des différentes substances qui la composent, l'uti-
lité du résultat donne l'espoir et la patience de surmonter
les difficultés qu'on rencontre pour l'obtenir.

Dans le blé et dans les autres céréales, ces substances sont nombreuses. On sait que les principales sont : 1° l'eau ; 2° l'amidon ; 3° les matières azotées insolubles dans l'eau ; 4° les matières azotées solubles dans l'eau ; 5° les matières non azotées solubles dans l'eau ; 6° les substances grasses ; 7° la cellulose ; 8° les sels minéraux.

Les matières azotées insolubles se trouvent dans le gluten, qui contient, en outre, plusieurs matières grasses. La nature de ce produit est donc complexe, de même que celle des matières qui composent chacun des groupes que je viens d'établir : ainsi, les substances non azotées solubles consistent en dextrine, et, d'après beaucoup de chimistes, en gomme et en glucose ; en sorte que l'analyse d'une céréale est encore beaucoup plus complexe qu'elle ne paraît être d'après cette énumération. Mais, avant de déterminer isolément chacun des éléments constituants du blé, il faut savoir en séparer ceux qui présentent les caractères les plus tranchés, comme la présence ou l'absence de l'azote, la solubilité ou l'insolubilité dans l'eau, dans l'éther, etc.

C'est le problème, posé dans ces termes généraux, que j'ai cherché à résoudre.

Le seul chimiste qui, à ma connaissance, ait essayé de déterminer la composition du blé, pris dans son ensemble, est M. Rossignon. Les résultats de son travail sont consignés dans le troisième volume du *Cours d'Agriculture* de M. de Gasparin. Ces résultats, qui proviennent de l'analyse de vingt-cinq sortes de blés, s'écartent beaucoup, sur plusieurs points importants, de ceux auxquels j'ai été conduit. Les différences s'expliquent, en partie, par les différences mêmes que présentent, dans leur composition, les nombreuses variétés de froment ; mais elles résultent surtout, évidemment, des méthodes d'analyses que nous avons employées l'un et l'autre. Je reviendrai sur ce point dans le cours de ce Mémoire.

Le travail le plus complet qui ait été fait sur la composition de la farine de froment est encore, aujourd'hui, celui que Vauquelin a publié en 1822 (1). Quoique la composition du blé ne puisse pas se déduire de celle de la farine qui en provient, il n'est pas possible de ne pas tenir compte de ce travail, lorsqu'on s'occupe de l'analyse des céréales. Il porte le cachet de cet esprit d'investigation patient et consciencieux qu'on retrouve dans tous les travaux de ce célèbre chimiste; mais, comme il arrive pour la plupart des travaux analytiques, ces recherches ont vieilli, et les résultats qu'elles représentent ne peuvent plus être considérés aujourd'hui que comme approximatifs. Ainsi, la quantité d'eau, que Vauquelin estime être de 10 à 12 p. 100 dans les farines, est dosée trop bas, par suite d'une dessiccation qui, très-certainement, ainsi que M. Boussingault l'a déjà fait observer, a dû être imparfaite. La détermination du gluten, qu'il a exécutée en malaxant la farine sous un filet d'eau, est loin d'être exacte. On sait aujourd'hui que, quel que soit le soin qu'on apporte à cette opération, on perd une certaine quantité de gluten, qui s'écoule avec l'amidon, tandis qu'il reste de cette dernière substance avec le gluten qu'on recueille. En outre, la dessiccation de ce gluten est longue et difficile, et il est certain que, de même que celle des farines, elle a été incomplète. Vauquelin n'a pas déterminé la matière grasse, ni la matière azotée soluble dans l'eau, etc.

M. Boussingault a consigné, dans son *Économie rurale,* l'analyse de vingt-quatre sortes de farines de froment en ce qui concerne le point le plus essentiel de ce genre d'analyse, la proportion des matières azotées. Ces blés avaient été récoltés dans la même année au Jardin des Plantes, et cultivés, par conséquent, dans des conditions très-favorables, et parfaitement identiques. Les matières azotées ont été estimées par le procédé qu'on doit considérer comme étant le plus exact, le dosage de l'azote.

---

(1) *Journal de Pharmacie,* tome VIII, page 353.

Plusieurs autres chimistes se sont occupés de la détermination de quelques-uns des éléments du blé. On doit à MM. Dumas, Boussingault et Payen celle des matières grasses contenues dans plusieurs échantillons de blé, de farine et de son (1); M. Krocker s'est occupé de la proportion de l'amidon contenu dans les céréales (2); M. Horsford a déterminé la quantité d'azote de quelques échantillons de blé; ces analyses font partie d'un travail considérable que ce chimiste a publié sur la quantité d'azote contenue dans un grand nombre de substances végétales; M. Millon a présenté, il y a quelques semaines, à l'Académie, un travail sur la proportion d'eau et de ligneux contenue dans le blé et dans ses principaux produits. Enfin, l'examen des cendres de blé a été le sujet de plusieurs recherches.

Les analyses que je vais rapporter ont été faites sur des échantillons qui représentent à peu près les principales variétés qui, soit par leur composition, soit par leur importance commerciale, peuvent être considérées comme des types. La plupart m'ont été donnés par M. L. Vilmorin, qui a mis à ma disposition, avec un empressement dont je lui suis infiniment reconnaissant, des échantillons authentiques, provenant, soit de ses cultures, soit de ses relations avec des agronomes étrangers; d'autres ont été empruntés à l'intéressante collection que mon regrettable collègue, M. O. Leclerc Thouin, avait formée pour le cours d'agriculture qu'il professait au Conservatoire des arts et métiers. Enfin, M. P. Darblay m'a remis quelques échantillons, qu'il considère comme étant ceux des blés qui affluent plus particulièrement sur le marché de Paris.

Pour analyser chacun de ces blés, puisés, comme on le voit, à des sources respectables, j'ai commencé par en

---

(1) Recherches sur l'engraissement des bestiaux et la formation du lait (*Annales de Chimie et de Physique,* 3e série, tome VIII, page 89.)

(2) *Annuaire de Berzelius,* 8e année, page 231.

moudre 5o à 100 grammes, tantôt dans un petit moulin à café, tantôt dans un moulin portatif, qui, dit-on, a fait la campagne de Russie, et qui se trouve parmi les modèles du Conservatoire des arts et métiers; ce moulin se compose, dans ses parties principales, de deux disques en fonte, cannelés, dont l'un reçoit un mouvement de rotation à l'aide d'une manivelle, et frotte contre l'autre qui est fixe : il permet d'obtenir à volonté une mouture fine ou grossière, selon que les meules sont plus ou moins rapprochées.

Cette mouture a été soumise à l'analyse sans qu'on l'ait séparée en farine et en son. J'ai préféré opérer de cette manière plutôt que de tenter une séparation qui entraîne toujours une certaine perte, même quand on opère en petit, ainsi que M. Boussingault en a fait l'observation. On doit admettre, d'ailleurs, qu'il n'existe aucun rapport entre la nature et la quantité des produits que le tamisage fournit quand on opère sur une petite échelle, et ceux que donne le blutage fait en grand, lequel présente lui-même des variations considérables, qui proviennent beaucoup moins de la nature des grains que des procédés qu'on emploie pour les moudre. J'ai néanmoins examiné, comparativement, de la farine et du son provenant des mêmes variétés de blé, mais avec la conviction que les résultats que j'ai obtenus ne représentent que le sens des résultats qu'on obtiendra quand on examinera, par des moyens analogues, la farine et le son des mêmes variétés de blé obtenus industriellement.

D'après les résultats de mes analyses, qui se trouvent consignés dans le tableau qui termine ce Mémoire, les nombres suivants expriment la composition moyenne du blé :

Eau...................................	14,0
Matières grasses....................	1,2
Matières azotées insolubles (gluten)....	12,8
Matières azotées solubles (albumine)....	1,8
Dextrine...........................	7,2
Amidon.........................	59,7
Cellulose...........................	1,7
Sels minéraux.	1,6
	100,0

Comme la valeur de ces nombres est entièrement subordonnée à celle des méthodes d'analyses que j'ai employées, il importe de discuter ces méthodes.

Détermination de l'eau contenue dans le froment. — Elle a été faite en desséchant, dans l'étuve à huile de M. Gay-Lussac, 5 à 10 grammes de blé immédiatement après qu'il a été moulu. La matière, chauffée de 110 à 120 degrés, a été pesée à plusieurs reprises jusqu'à ce que son poids restât constant.

L'examen du tableau dans lequel sont consignées les analyses de quatorze sortes de blés, montre que l'eau qu'ils ont perdue varie seulement entre 13,2 et 15,2 pour 100. Nos blés nouvellement récoltés renferment 17, 18, et même 20 pour 100 d'eau. Contrairement à l'opinion généralement admise, je n'ai pas trouvé plus d'eau dans les blés tendres que dans les blés durs. Ce résultat n'implique pas, comme conséquence, que les farines de ces blés doivent contenir également la même quantité d'eau. Il reste établi que les farines qui proviennent des blés tendres renferment plus d'eau et s'altèrent plus rapidement que celles des blés durs ; car cette eau, qui, dans les farines saines, se trouve dans la proportion de 16 à 20 pour 100, et dans une proportion beaucoup plus forte dans les farines avariées, est empruntée en partie à l'atmosphère, pendant et après le travail de la mouture ; cet emprunt doit être, par consé-

quent, proportionnel à l'état de division de la substance
farineuse, qui est ordinairement plus grand pour les blés
tendres que pour les blés durs. Quant à l'altération sponta-
née que les blés éprouvent dans nos climats, alors même
qu'on les conserve dans des vases hermétiquement fermés,
altération qui est également plus prompte pour les blés
tendres que pour les blés durs ou cornés, je crois qu'il faut
l'attribuer moins à la quantité d'eau que ces blés contiennent qu'à la nature peu homogène des grains de blé tendre
comparée à celle des blés durs.

Matières grasses. — J'ai apporté un très-grand soin au
dosage des matières grasses contenues dans le blé ; il a été
fait en traitant le blé par l'éther, tantôt dans l'excellent
appareil à distillation continue qu'on doit à M. Payen,
tantôt dans des tubes fermés par un bout à la lampe d'é-
mailleur, et par l'autre avec un bouchon en verre usé à
l'émeri : souvent j'ai employé ces deux méthodes pour le
même blé. La dernière exige plus de temps, et entraîne une
plus grande perte d'éther ; mais elle permet, quand on
opère par décantation, de dessécher dans le vide, à une
température constante, la matière épuisée par l'éther, sans
qu'il soit nécessaire de la sortir du tube ; la perte qu'elle a
éprouvée sert de contrôle au poids de la matière grasse
qu'on a recueillie.

L'éther qu'on emploie à la détermination de la matière
grasse contenue dans les produits de la nature du blé, doit
être rectifié, et surtout parfaitement privé d'eau ; ces produits doivent être également très-secs. Cette double précau-
tion est très-importante à observer ; en la négligeant, on
s'expose à commettre dans cette opération, en apparence
si simple, des erreurs considérables. Lorsqu'on traite, en
effet, du blé non desséché par de l'éther ordinaire, on dissout non-seulement la matière grasse, mais en même temps
une certaine quantité des matières solubles dans l'eau qui
est fournie tant par le blé que par l'éther même. On sait que

le tanin de M. Pelouze se prépare précisément dans ces conditions, qu'il faut écarter soigneusement dans les analyses de cette espèce. En outre, les blés, après avoir été traités par l'éther, doivent être divisés, séchés de nouveau, et soumis à de nouveaux traitements éthérés, jusqu'à ce que le résidu ne fournisse absolument plus de matière grasse.

La proportion des matières grasses contenues dans les différentes espèces de blé varie très-peu, d'après mes analyses : onze échantillons ont donné 1,0 à 1,3 pour 100 de ces matières ; le blé de Pologne en a fourni 1,5, celui d'Espagne 1,8, et celui de Tangarock 1,9. Ces derniers résultats semblent confirmer l'opinion généralement admise que les blés durs contiennent plus de matières grasses que les blés tendres, opinion qui s'appuie également sur des analyses exécutées par MM. Dumas, Boussingault et Payen, sur des blés durs de Venezuela et d'Afrique ; le premier renfermait 2,1 pour 100, et le second 2,6 pour 100 de matières grasses. Cependant, je dois faire remarquer que d'autres blés durs, ou demi-durs, tels que le blé d'Égypte et le mitadin du Midi, ont fourni seulement 1,1 pour 100 de ces matières ; tandis que, dans un sens opposé, la touselle blanche de Brie en contient, d'après M. Payen, 1,87 pour 100. Je suis d'autant moins convaincu que cette différence existe réellement entre les blés durs et les blés tendres, qu'il est certain que des vendeurs peu scrupuleux mouillent quelquefois leur blé avec de l'huile, dans le but de leur donner un aspect glacé qui en rend le débit plus avantageux. Cette espèce de toilette est également en usage pour d'autres graines, notamment pour la graine de trèfle. J'ajouterai que les blés qui ont donné la plus forte proportion de matière grasse avaient été pris dans le commerce, tandis que les autres avaient une origine bien authentique, puisqu'ils provenaient des cultures de M. L. Vilmorin.

Substances solubles dans l'eau. — Au nombre des substances que les céréales abandonnent quand on les traite par l'eau, on a rangé, jusque dans ces derniers temps, le sucre ou plutôt le glucose. D'après Vauquelin, la farine d'un blé tendre d'Odessa contient 8,5 pour 100 de matière sucrée, et toutes les farines qu'il a analysées en renferment des quantités notables. La théorie de la fermentation panaire s'accommode très-bien de l'existence du sucre dans la farine ; car on admet que c'est sous l'influence de la transformation de ce sucre en alcool et en acide carbonique que la farine lève, quand elle est mise en pâte avec de l'eau, du levain ou de la levûre de bière.

Il y a plusieurs années qu'à l'occasion du procédé saccharimétrique que j'ai fait connaître à l'Académie, j'avais cherché à doser la quantité de glucose qu'on présumait exister dans les céréales. Je fus fort surpris de n'en pas trouver dans le blé ni dans l'avoine. On sait que mon procédé consiste à déterminer par un essai alcalimétrique la quantité de chaux éteinte qui est dissoute par une liqueur sucrée, quantité qui est proportionnelle au poids du sucre contenu dans cette liqueur. En traitant par l'eau 200 grammes de ces farines, qui provenaient de grains moulus sous mes yeux, puis par la chaux éteinte les dissolutions préalablement rapprochées au bain-marie, la chaux n'est pas dissoute en quantité sensiblement plus grande que par l'eau pure. De plus, ces dissolutions ne fermentent pas lorsqu'on les met en contact avec la levûre de bière. En outre, M. Clerget a examiné, sur ma demande, à l'aide des phénomènes de polarisation découverts par M. Biot, une partie des liqueurs provenant du lavage de la farine que j'étudiais de mon côté; il n'a pu y découvrir la présence du glucose; il a seulement constaté que ces liqueurs contenaient de la dextrine.

Ainsi le blé et l'avoine ne contiennent pas de glucose ; M. Mitscherlich et M. Furstenberg sont arrivés au même résultat, en employant d'autres méthodes, pour le seigle et pour le son de froment. Quoique ces expériences, qui ont été faites sur du blé qui venait d'être moulu, ne prouvent pas absolument que le glucose n'existe pas, soit dans les farines conservées plus ou moins longtemps, soit dans les farines avariées, je suis porté à croire que la fermentation panaire peut se développer sans qu'il préexiste dans la pâte farineuse une quantité appréciable de glucose; j'ai constaté, en effet, qu'une pâte préparée avec 125 grammes de farine fraîche, 75 grammes d'eau et 10 grammes de levûre de bière, ne contient aucune quantité de glucose appréciable quand on vient à l'examiner pendant qu'elle est en train de lever. Il est possible que la dextrine se transforme directement en alcool et en acide carbonique, ou bien que son passage à l'état de sucre ne puisse pas se constater, le sucre étant détruit par le ferment au fur et à mesure de sa production.

Quant à l'existence de la dextrine, elle ne saurait être révoquée en doute; elle est rendue manifeste par l'emploi des appareils de polarisation; elle est, en outre, prouvée par son passage à l'état de glucose au moyen de la vapeur d'eau qu'on fait arriver dans le liquide provenant du lavage de la farine, liquide auquel on a ajouté quelques gouttes d'acide sulfurique. Enfin son existence peut encore se déduire des anciennes expériences de Vauquelin, qui a constaté que la gomme, qu'on rangeait parmi les principes de la farine, doit être rayée de ce nombre, attendu que cette prétendue gomme, traitée par l'acide nitrique, fournit de l'acide oxalique, mais point d'acide mucique.

En même temps que l'eau dissout la dextrine contenue dans la farine, ce liquide sépare une matière azotée, qui présente tous les caractères de l'albumine. La proportion de cette matière n'avait pas encore été déterminée. Pour combler cette lacune, j'ai analysé le liquide provenant d'un poids connu de blé, déjà dépouillé de sa matière grasse, en l'évaporant à une douce température, puis en desséchant à 110 degrés le résidu qui, étant pesé, donne la proportion

des matières solubles contenues dans le blé ; enfin en déter-
minant la quantité d'azote contenue dans ce résidu. J'ai
admis, avec MM. Dumas et Cahours, que cette albumine,
de même que les autres matières azotées du blé, contient
16 pour 100 d'azote. C'est en partant de cette base que j'ai
calculé mes analyses. Comme il eût été fort long de déterminer pour chaque espèce de blé la proportion de matière
azotée contenue dans les produits solubles, j'ai fait cette opération pour un certain nombre d'échantillons de blés durs
et de blés tendres ; et ayant trouvé que cette proportion, qui
varie d'ailleurs très-peu, représente en moyenne le cinquième du poids de ces produits, j'ai soustrait des produits
solubles, qui ont toujours été déterminés pour chaque blé,
le cinquième de leur poids, que j'ai attribué à l'albumine.

Matières azotées. — On admet généralement que la valeur nutritive des aliments peut être estimée d'après la
proportion des matières azotées neutres qu'ils contiennent.
Aussi j'ai attaché une grande importance à fixer exactement
cette proportion pour les blés que j'ai étudiés.

Le seul procédé qui puisse être considéré comme exact
est celui qui consiste à calculer la proportion des matières
azotées d'après la quantité d'azote qu'elles fournissent, soit
à l'état de gaz, soit sous forme d'ammoniaque. Mes pre-
mières analyses ont été faites en employant l'ancien procédé, c'est-à-dire en recueillant l'azote à l'état gazeux. Plus
tard, ayant apporté au procédé de MM. Will et Varrentrapp
des modifications qui le rendent plus rapide et plus pratique
sans lui rien ôter de son exactitude, j'ai dosé l'azote en recueillant dans un volume connu d'acide sulfurique titré
l'ammoniaque qui provient de la combustion du blé par un
mélange de chaux et de soude caustiques, et en détermi-
nant par une dissolution mesurée de saccharate de chaux la
quantité d'acide sulfurique que l'ammoniaque avait saturée,
et par conséquent la quantité même de cet ammoniaque.
Ce n'est qu'après de nombreuses expériences synthétiques

et comparatives que j'ai adopté ce procédé ; aujourd'hui , qu'une longue pratique me permet d'en apprécier mieux les résultats qu'à l'époque à laquelle je l'ai fait connaître à l'Académie, je crois avoir le droit d'affirmer que, non-seulement son exécution est infiniment plus facile, plus prompte et moins dispendieuse que celle du procédé ancien, mais même que les résultats qu'il fournit sont, en général, plus exacts. Le procédé de dosage de l'azote par la séparation de ce corps sous forme de gaz, présente, en effet, l'inconvénient de fournir généralement plus de gaz que n'en contient la substance azotée soumise à l'analyse. Cet excès de gaz, qui est tantôt de l'hydrogène, tantôt du bi-azote, quelquefois même de l'azote provenant de l'air du tube quand celui-ci n'est pas entièrement purgé d'air, ordinairement un mélange de ces gaz, se produit dans des circonstances qu'on peut écarter à force de soins et de précautions, mais qui deviennent presque inévitables lorsqu'on est obligé d'exécuter une longue série d'analyses. Quand il s'agit de déterminer la composition de substances azotées pures, contenant 15 à 16 pour 100 d'azote au moins, cet excès de gaz n'influe pas sensiblement sur le résultat, car il produit une erreur de quelques millièmes en plus sur le dosage de l'azote. Mais il n'en est pas de même lorsqu'il s'agit de substances organiques, qui, comme le blé, contiennent seulement 2 à 3 pour 100 d'azote ; car, comme cet excès de gaz représente une cause d'erreur constante accumulée sur une faible quantité de gaz, elle occasionne dans les résultats de l'analyse une grande perturbation, d'autant plus grande que la substance elle-même contient moins d'azote. En outre, les azotates contenus dans certains végétaux fournissent, par ce procédé, de l'azote qui compte avec celui qui appartient à la substance organique, et l'on sait qu'il n'existe aucun moyen de doser séparément ces sels quand ils se trouvent en très-petite quantité dans les plantes. Le procédé que j'emploie ne fournit pas à l'état d'ammoniaque

l'azote contenu dans les azotates. Ceux-ci ne sont pas dé-
composés, au moins de manière à fournir de l'ammoniaque,
par le mélange alcalin qui sert à brûler la substance organique.

Pour tous ces motifs, je suis porté à croire que la détermination de l'azote, et, par suite, des principes azotés des
végétaux, est plus exacte par la méthode que j'ai employée
que par celle dont on se sert habituellement. Je ne doute
pas, d'ailleurs, qu'elle ne soit appelée à remplacer entièrement l'ancienne méthode, sauf dans les cas rares où
l'azote se trouve à l'état d'acide azotique, d'acide hypoazo-
tique ou d'un autre composé oxygéné. Les chimistes qui ont
adopté le procédé que j'ai suivi sont tous d'accord sur son
exactitude et sur sa simplicité d'exécution, qui est, en tous
points, comparable à celle d'un essai alcalimétrique. J'a-
jouterai qu'un travail qui comporte une série nombreuse de
dosages d'azote, comme celui que je présente aujourd'hui à
l'Académie, devient tellement long, pénible et dispendieux
quand on dose l'azote à l'état de gaz, que son exécution en
devient, sinon impossible, au moins fort difficile (1).

J'ai conservé le nom de gluten aux matières azotées insolubles dans l'eau, quoique ces matières ne soient pas le
gluten proprement dit, cette dernière substance renfermant
toujours une certaine quantité d'huile sans laquelle elle ne
peut pas être isolée de la farine. Il est entendu d'ailleurs que
j'ai soustrait du poids total de la matière azotée, fourni par
le dosage de l'azote sous forme d'ammoniaque, le poids de la
matière azotée soluble ou de l'albumine végétale, que j'ai
estimé, d'après la moyenne de plusieurs analyses faites sur
la partie soluble du blé, au cinquième du poids de cette
partie.

En réunissant le gluten et l'albumine végétale, c'est-à-

---

(1) Depuis la rédaction de ce travail, j'ai appris de M. Hoffmann que
mon procédé de dosage de l'azote était généralement employé en Angleterre
pour l'essai des engrais.

dire le mélange des différentes matières azotées qui existent dans le blé, j'ai trouvé, ainsi que cela résultait déjà d'expériences antérieures aux miennes, que leur proportion varie considérablement dans les différentes espèces de froment, quelquefois du simple au double. Ainsi, tandis que la touselle blanche de Provence m'a donné 9,8 pour 100 de matières azotées, un blé d'Égypte, provenant des cultures de M. L. Vilmorin, à Verrières, renfermait 20,6 de ces mêmes matières.

J'ai pu constater aussi, par l'examen de deux échantillons de blé bien authentiques, les variations de composition que les circonstances atmosphériques peuvent faire subir à la même espèce de blé, cultivée dans le même terrain, dans des conditions de fumure aussi semblables que possible. M. L. Vilmorin m'a remis un échantillon de blé poulard bleu conique, récolté à Verrières en 1844, après une année de sécheresse moyenne; il contenait 15,3 pour 100 de matières azotées. Le même blé, récolté en 1846 dans une année très-sèche, renfermait 18,1 de ces mêmes matières.

Quoique ces blés appartiennent aux espèces considérées comme demi-dures, ils ont donné des quantités de matières azotées notablement plus considérables que d'autres blés durs; de sorte que, dans mon opinion, la différence que l'on admet comme existant entre les blés tendres et les blés durs, sous le rapport de la composition chimique, ne repose pas sur des fondements bien solides. Nous avons vu que les matières grasses se trouvaient, à peu près, dans les mêmes proportions dans les uns comme dans les autres. Il en est de même pour les matières azotées, d'après mes analyses; ainsi le polish odessa, le mitadin du Midi ont fourni plus d'azote que le blé de Tangarock. Je ne prétends pas qu'il n'existe absolument aucune différence, sous le rapport de la composition, entre les blés les plus tendres et les blés les plus durs; mais cette différence s'évanouit déjà quand il s'agit de comparer ces derniers aux blés demi-durs.

Je crois que, dans tous les cas, il faut la chercher beaucoup
plus dans la structure anatomique du grain que dans sa
composition chimique.

Voici, d'ailleurs, la proportion des matières azotées,
solubles et insolubles, fournies par les blés que j'ai analysés,
pour 100 parties :

Touselle blanche de Provence....　9,8 (gluten et albumine).
Blé d'Espagne.................　10,5
Poulard roux.................　10,6
Blé blanc de Flandre...........　10,7
Blé Hérisson.................　11,6
Hardy White.................　12,5
Banat tendre.................　13,4
Tangarock...................　13,6
Polish Odessa.................　14,3
Poulard bleu conique (année moy.).　15,3
Mitadin du Midi...............　16,0
Poulard bleu conique (année très-
　　sèche)...................　18,1
Blé d'Égypte.................　20,6
Blé de Pologne...............　21,5

En comparant mes analyses, sous le rapport de la proportion de matière azotée, aux analyses de farines de froment qui ont été exécutées par M. Boussingault, on remar-
quera que les quantités de gluten et d'albumine fournies par
ces farines sont notablement plus considérables que celles
que j'ai trouvées dans le blé. En effet, tandis que, d'après
mes analyses, le blé contiendrait en moyenne 14,4 pour 100
de substances azotées, les farines analysées par M. Boussingault ne renfermaient pas moins de 21,8 pour 100 des
mêmes substances, en moyenne. Ces différences considérables tiennent à deux causes : d'abord, M. Boussingault
a analysé des farines, c'est-à-dire du blé privé de sa cellulose et d'une partie de sa matière grasse, car celle-ci reste
en plus grande quantité dans le son que dans la farine : ensuite il fait remarquer que « tous les blés dont les farines

P.　　　　　　　　　　　　　　　　　　　　　　　　　2

» ont été soumises à l'analyse avaient été cultivés dans
» un sol riche, circonstance qui exerce l'influence la plus
» directe sur l'augmentation du gluten dans le blé. » Les
blés que j'ai analysés ont été, au contraire, pris au hasard
parmi les espèces les plus répandues dans le commerce.

J'ai cherché à me rendre compte des différences que peut
présenter la détermination des matières azotées du blé, selon qu'elle est faite à l'aide du procédé que j'ai suivi, c'est-à-
dire du dosage de l'azote, ou bien selon qu'elle est exécutée
en pesant le gluten obtenu par le malaxage de la farine sous
un filet d'eau. Ce dernier procédé, qui a été employé pour
la première fois, en 1742, par Beccari, médecin de Bo-
logne, auquel on doit la découverte du gluten, et que
Vauquelin a suivi pour ses analyses des farines, fournit,
quand il est employé dans de bonnes conditions, des résultats qui s'écartent assez peu de ceux qu'on obtient par des
méthodes plus parfaites. Ces conditions m'ont paru inté-
ressantes à déterminer : on sait déjà qu'il faut opérer sur 25
à 100 grammes de farine pour en retirer la plus forte
proportion de gluten ; quand on opère bien, on en tire
proportionnellement d'autant plus, qu'on emploie plus de
farine. Il faut, en outre, que la farine qu'on met en contact avec l'eau n'ait pas été conservée dans un endroit trop
sec ; si elle a été desséchée au feu, la préparation du gluten
devient difficile, et la quantité qu'on en retire est notablement moindre que celle qui est fournie par la farine non
desséchée. J'ai desséché, à 120 degrés, 100 grammes de farine, et j'en ai fait une pâte, en suivant les précautions
ordinaires pour en extraire le gluten. Cette pâte était
courte et se brisait en menus morceaux, tandis que celle
qui avait été faite avec 100 grammes de la même farine non
desséchée était liante : il a fallu la conserver pendant douze
à quinze heures pour la rendre élastique et pour pouvoir en
retirer le gluten qui, d'ailleurs, était devenu très-élastique.
Elle a fourni 7,5 pour 100 de gluten sec, tandis que la même
farine non desséchée a donné 9 pour 100 de cette même

substance, laquelle a été obtenue une heure après que la farine avait été mélangée avec l'eau.

Une autre expérience m'a dévoilé l'influence que la matière grasse de la farine exerce sur la préparation du gluten, et, par suite, sans nul doute, sur la confection du pain. On a traité par l'éther sulfurique 2 à 3oo grammes de farine de froment dont on avait d'avance constaté la bonne qualité en en retirant le gluten qu'elle renfermait. Une partie de cette farine, ainsi dépouillée de sa matière grasse, a été séchée à l'air, puis à une douce température; enfin elle a été abandonnée à l'air pendant quelques jours. La pâte qu'on a faite en la mélangeant avec de l'eau, a été d'abord conservée pendant une heure dans un endroit chaud; mais, comme elle ne devenait pas liante, l'extraction du gluten a dû être remise au lendemain. Malgré ces précautions, cette pâte, malaxée sous un filet d'eau avec les soins habituels, n'a pas laissé dans la main de l'opérateur la moindre quantité de gluten : toute la masse s'est délayée sous forme d'une émulsion savonneuse, dans laquelle la matière azotée est restée intimement mélangée avec l'amidon.

Un essai d'une autre nature a été fait dans le but de rechercher si la très-petite quantité de matière grasse qui se trouve dans la farine suffit pour retenir à l'état plastique la totalité du gluten qui s'y trouve; car je ne doute pas, d'après l'expérience que je viens de rapporter, que cette matière reste tout entière avec la matière azotée insoluble à laquelle elle sert, pour ainsi dire, de lien. A 1oo grammes de farine ordinaire, dont un échantillon avait donné 9 pour 1oo de gluten sec, on a ajouté 4 grammes de matières grasses extraites de la farine elle-même. Le mélange a été long et difficile à exécuter; puis cette farine, qui contenait 5 pour 1oo environ de matières grasses, traitée par l'eau, a fourni une pâte qu'un battage prolongé pendant une heure n'a pas rendue liante. Cette pâte, conservée pendant quelques heures, a donné du gluten; mais il fallait opérer avec

2.

beaucoup de soin, car elle se divisait dans l'eau , et le gluten tombait en débris : les morceaux ne pouvaient pas se souder. Ce gluten n'était pas élastique. Les 100 grammes de farine ont donné 8^{gr},9 de ce gluten à l'état sec , par conséquent une moindre quantité, malgré l'excès de matière grasse, que celle qui a été fournie par la même farine non graissée.

Ainsi la matière grasse que la nature a déposée dans le grain du blé s'y trouve dans une si juste mesure, qu'il n'est pas possible d'en changer la proportion sans modifier cette céréale dans ses propriétés les plus précieuses. C'est un point sur lequel j'aurai occasion de revenir plus tard, en étudiant la composition du son de froment.

Amidon. — Pour compléter l'analyse du blé, en ce qui concerne ses principaux éléments constituants, il me reste à parler du dosage de l'amidon et de la cellulose contenus dans le blé. Quant aux sels minéraux que j'ai déterminés par l'incinération d'un grand nombre d'échantillons de blé, j'ai constaté que leur poids varie entre 1,5 et 2 pour 100. L'analyse de ces sels présente de nombreuses difficultés dont je me propose d'entretenir bientôt l'Académie.

La détermination exacte de l'amidon est une opération pleine de difficultés. Le procédé de Vauquelin, qui consiste à recueillir et à peser, après dessiccation, l'amidon qui reste après la séparation du gluten, ne peut pas être employé pour le blé, car l'amidon serait mélangé avec le son. Tout imparfait qu'il est, je le crois encore préférable à tout autre procédé connu quand il s'agit d'analyser des farines, bien qu'il soit constaté qu'il reste de l'amidon dans le gluten, et du gluten dans l'amidon. Je le crois surtout supérieur à la méthode employée par M. Krocker, qui s'est occupé récemment de la détermination de l'amidon contenu dans un certain nombre d'aliments. M. Krocker convertit l'amidon en sucre au moyen de l'ébullition en présence d'une petite quantité d'acide sulfurique; puis il transforme le sucre en alcool et en acide carbonique au moyen de la levûre de bière. C'est en recueillant cet acide carbonique avec des appareils convenablement disposés qu'il a déduit, d'après le poids de cet acide, la proportion d'amidon contenue dans les substances qu'il a analysées.

Ce procédé offre l'inconvénient de transformer en sucre non-seulement l'amidon, mais aussi la dextrine contenue dans différentes graines, notamment dans le blé; de sorte que l'acide carbonique produit par la saccharification de la dextrine rend l'estimation de l'amidon trop élevée. Cependant les nombres donnés par M. Krocker semblent indiquer une proportion d'amidon plus faible que celle qui existe ordinairement dans le blé; ce qui provient, sans doute, des incertitudes bien connues que présente le procédé de la fermentation appliqué au dosage du sucre. Le procédé de M. Biot serait assurément beaucoup plus exact et plus rapide.

J'ai cherché à déterminer l'amidon contenu dans le blé par deux méthodes : 1° en transformant en sucre, au moyen de l'acide sulfurique très-dilué, l'amidon contenu dans le blé, celui-ci étant déjà dépouillé des matières grasses et des matières solubles dans l'eau qu'il contient, et en pesant le résidu qui consiste en matières azotées insolubles et en cellulose; 2° en opérant la même transformation au moyen de la diastase, et en pesant également ce qui reste après que l'action de cette substance a été longtemps prolongée. Dans l'un et dans l'autre cas, l'action a été continuée jusqu'à ce que le résidu cessât de colorer en bleu la dissolution aqueuse d'iode. Pour opérer la saccharification de l'amidon au moyen de l'acide sulfurique, on ajoute à l'eau qui tient en suspension le blé lavé et dépouillé de sa matière grasse quelques gouttes seulement d'acide sulfurique, puis on fait passer dans la liqueur un courant de vapeur d'eau. Si l'on prend soin d'arrêter l'opération aussitôt après que l'amidon a disparu, le résultat qu'on obtient en pesant le résidu lavé et desséché à 110 degrés est exact; car le poids de l'amidon qui est fourni par la perte que le blé a éprouvée,

ajouté au poids des autres substances qui ont toutes été
dosées séparément, représente à très-peu près le poids total
de la matière employée. Mais si l'action de l'acide sulfurique
est prolongée trop longtemps, une petite quantité de matière azotée devient soluble, et, par suite, le dosage de
l'amidon est trop élevé de quelques centièmes.

Le procédé de dosage par la diastase, qui est indiqué par
beaucoup d'auteurs comme fournissant de bons résultats,
présente l'inconvénient contraire. Il consiste à mettre l'a-
midon lavé à l'eau, privé de matière grasse, et déjà épaissi
par son contact avec l'eau chaude, en digestion avec une
infusion d'orge germée, et à prolonger le contact à la température de 50 à 60 degrés, jusqu'à ce que la liqueur ne
bleuisse plus par l'iode. Il faut plusieurs jours pour arriver
à ce résultat, quoique j'aie constaté qu'une dissolution
d'amidon fortement colorée par l'iode est immédiatement
décolorée quand on la mélange avec l'infusion tiède d'orge
germée ; mais comme la température est peu élevée, la matière se désagrége lentement, et même, quoi qu'on fasse,
il reste toujours une certaine quantité de grains d'amidon
que la diastase n'atteint pas, et qui se trouvent emprisonnés
dans le résidu insoluble, alors même que l'iode n'accuse
plus la présence de l'amidon. Aussi le poids de ce résidu
étant plus fort qu'il ne devrait être, la proportion d'a-
midon, représentée par la différence, se trouve être trop
faible.

Je ferai d'ailleurs remarquer qu'ayant déterminé tous les
autres éléments du blé, je puis calculer, par différence, la
proportion d'amidon. Mais j'aurais préféré avoir à ma disposition un procédé qui me permît de faire ce dosage avec
exactitude. Ce procédé reste à découvrir ; je pense qu'en
transformant en glucose, au moyen de l'acide sulfurique,
l'amidon de la farine bien lavée, et en dosant le sucre produit à l'aide de l'appareil de polarisation de M. Biot, on
arriverait à de meilleurs résultats que par aucun autre

procédé connu, en admettant que la matière azotée rendue soluble n'exerce aucune action sur la lumière polarisée.

Quoi qu'il en soit, les nombres que j'ai obtenus par suite de la transformation de l'amidon en glucose, diffèrent à peine de quelques centièmes de ceux qui sont déduits par le calcul, c'est-à-dire par la quantité qu'il faut ajouter aux principes du blé que j'ai dosés directement pour compléter le poids de la matière employée. J'ai donc lieu de les considérer comme exacts. Ils tendent à prouver que la quantité moyenne d'amidon contenu dans le froment ne dépasse pas 64 pour 100. Ce résultat, qui s'accorde avec celui que M. Boussingault a déduit d'une analyse de froment qui lui a donné 63,2 d'amidon, diffère de celui qui a été obtenu par M. Krocker, qui n'estime qu'à 56, 52 et 53 pour 100 la quantité d'amidon contenue dans trois échantillons de froment qu'il a étudiés. Il s'écarte beaucoup plus, dans un sens opposé, des nombres obtenus par M. Rossignon qui sont consignés dans le savant ouvrage de M. de Gasparin. M. Rossignon a trouvé, en effet, dans les vingt-cinq échantillons de blé qu'il a analysés, des quantités d'amidon et de cellulose comprises entre 78 et 87,5 pour 100; la moyenne de ces analyses donne 81,4 pour ces deux substances. J'ignore de quelle manière ces résultats ont été obtenus; mais, quelle que soit la part qu'on fasse à la cellulose, ces résultats sont impossibles; car, en tenant compte du poids des matières azotées déterminées par M. Rossignon, ils conduisent à cette conséquence, que le blé serait composé de matières azotées, d'amidon, de cellulose et de 1 centième au plus de dextrine, de sucre et de matières minérales. Aussi il m'est permis d'affirmer que ces résultats ont induit en erreur M. de Gasparin, quand cet illustre agronome dit, après les avoir cités : « Ainsi la quantité de matière azotée » peut descendre de 20,5 à 12, et le complément de ce » chiffre donne à peu près l'amidon, car on voit que la » masse des autres composés est presque insensible. » Il existe dans le blé, sous forme d'eau, de matières grasses, de dextrine et de sels minéraux, au moins 25 pour 100 de substances que M. Rossignon a oublié de mentionner (1).

Cellulose. —La détermination de la cellulose contenue dans le blé m'a longtemps arrêté, car aucun chimiste n'a fait connaître, jusqu'à ce jour, un procédé qui permît d'y arriver. M. Millon, qui s'occupait en même temps que moi du dosage de cette substance et qui a adressé, il y a quinze jours, à l'Académie, les résultats analytiques auxquels il est arrivé, n'indique pas, dans l'extrait de son Mémoire qui a été publié dans les *Comptes rendus de l'Académie des Sciences,* la méthode qu'il a employée pour démontrer que la proportion de cellulose qu'on attribue au son et à la farine est fort exagérée. Entièrement d'accord avec M. Millon sur le sens des résultats de son travail, je suis arrivé à d'autres résultats numériques, en employant probablement une autre méthode que la sienne. Quand son procédé sera connu, il faudra donc le comparer au mien, et cette comparaison n'est pas sans intérêt; car la détermination exacte de la cellulose influera certainement beaucoup sur la composition qu'on attribue actuellement à la plupart des végétaux utiles.

C'est en étudiant l'action que l'acide sulfurique, pris à différents degrés de concentration, exerce sur chacune des matières contenues dans le froment, que j'ai été conduit

---

(1) En déduisant des analyses de M. Rossignon la composition moyenne du blé, on arrive aux nombres suivants :

Matières azotées................	16,4
Amidon et cellulose............	81,4
Dextrine......................	0,3
Sucre........................	0,7
Matière grasse................	0,1
Sels..........................	0,1
Perte........................	1,0
	100,0

à employer le procédé que je vais décrire. J'ai constaté qu'en mettant en contact l'amidon, le gluten sec et même humide avec de l'acide sulfurique contenant 6 équivalents d'eau, préparé, par conséquent, en ajoutant à 100 parties d'acide sulfurique ordinaire 91,8 parties d'eau en poids, ces différents corps sont dissous, surtout si l'on maintient le mélange pendant quelque temps de 70 à 80 degrés. L'amidon est transformé en glucose, les matières azotées insolubles qui constituent le gluten se transforment d'abord en des produits solubles dans l'acide sulfurique employé, qui s'en séparent sous forme de flocons quand on vient à ajouter de l'eau à la liqueur acide, mais qui y restent dissoutes quand on ajoute à celle-ci une certaine quantité d'acide acétique. De plus, ces matières deviennent entièrement solubles dans l'eau, quand le mélange acide a été maintenu pendant un peu plus longtemps à une température voisine de l'ébullition de l'eau. On essaye donc cette liqueur de temps à autre, et l'on cesse de la chauffer lorsqu'elle ne se trouble plus par l'addition de l'eau.

En mettant du blé moulu en contact, pendant vingt-quatre heures, avec l'acide sulfurique à 6 équivalents d'eau à la température ordinaire, la pâte qu'on obtient d'abord finit par se liquéfier ; elle devient translucide. Elle offre une coloration violette qui résulte, je crois, de l'altération que la matière grasse subit de la part de l'acide sulfurique : en chauffant ce liquide pendant quelque temps, il devient noirâtre, cette altération devenant plus profonde. Cette couleur, de même que la précédente, disparaît par l'addition de l'eau ; le liquide contient en suspension la cellulose qui provient tant de l'enveloppe extérieure du grain que de ses cellules intérieures. On lave sur un filtre cette cellulose qui est comme pulpeuse, d'abord avec de l'eau chaude, ensuite avec une dissolution de potasse caustique qui lui enlève une partie de la matière grasse et une matière brune qui se trouve en abondance dans ce résidu : après un nouveau lavage à l'eau chaude, à l'acide acétique faible, puis à l'eau, enfin à l'alcool et à l'éther, on dessèche à 110 degrés le filtre dont on a fait la tare avec un filtre de même papier, auquel on a fait subir les mêmes lavages en y passant les liquides provenant des diverses opérations que je viens de décrire. L'augmentation de poids qu'il présente indique la quantité de cellulose fournie par la matière analysée.

En examinant au microscope la cellulose obtenue par ce procédé, il m'a été impossible d'y découvrir autre chose que cette matière elle-même qui se présente sous forme de cellules très-allongées, très-minces, mais nullement altérées. Le tissu qui se trouvait à l'intérieur du grain se distingue du tissu cellulaire intérieur en ce que ce dernier est entièrement incolore, tandis que l'autre présente une légère coloration brune, surtout quand il provient des blés rouges ou des blés durs. La cellulose de l'enveloppe corticale paraît également plus épaisse.

Le procédé que je viens de décrire pour déterminer la cellulose me paraît applicable au dosage de cette substance dans la plupart des végétaux. Il serait possible néanmoins que la cellulose peu agrégée que contiennent certaines plantes, puisse être dissoute, au moins en partie, par l'acide sulfurique à 6 équivalents d'eau, lequel, d'ailleurs, n'altère pas le papier à filtre, car il filtre à travers celui-ci sans le perforer. On pourrait, dans ce cas, employer de l'acide un peu plus faible qui, très-probablement, dissoudrait encore à chaud et même à froid toutes les substances végétales qui accompagnent la cellulose.

Le blé moulu, traité par ce procédé, a laissé des proportions de cellulose beaucoup plus petites que celles qu'on suppose généralement y exister. Je citerai quelques-uns des nombres que j'ai obtenus :

21^{gr},5 de blé blanc de Flandre ont fourni 0,400 de cellulose ; soit 1,8 pour 100.

i5 grammes de blé poulard (année moyenne) ont laissé o,225
de cellulose; soit i ,5 pour 100. Une autre analyse a donné i,9
pour le même blé.

i5 grammes de blé Hardy White ont laissé o,235 de cellulose;
soit i ,5 pour 100.

i5 grammes de mitadin du Midi ont laissé o,220 de cellulose;
soit i ,4 pour 100.

42^{gr},5o de blé de Tangarock ont laissé i ,oo4 de cellulose;
soit 2 ,3 pour 100.

3oo grammes de blé déjà désagrégé par l'acide sulfurique et la
vapeur d'eau provenant de quatre sortes de blé ont laissé 4,5oo
de cellulose; soit i ,5 pour 100.

Ces analyses montrent que la quantité de cellulose contenue dans le froment est beaucoup moindre que celle
qu'on y admet généralement. Je crois qu'elles ont encore
fourni une quantité trop considérable : car il m'a été impossible d'obtenir ce produit parfaitement incolore, malgré
l'emploi réitéré des dissolvants. Cette cellulose représente
d'ailleurs, évidemment, non-seulement l'enveloppe corticale du grain, enveloppe que le son laissé par le blutage
retient en presque totalité, mais aussi la cellulose inté-
rieure des grains de blé. Cette dernière doit passer dans la
farine, mais elle s'y trouve en si petite quantité, que
sa détermination exacte me paraît être impossible. La
faible proportion de cellulose que j'ai trouvée dans le blé
m'a conduit à rechercher celle qui se trouve, pour ainsi
dire, concentrée dans le son. J'ai traité, par l'acide sulfurique à 6 équivalents d'eau, quatre échantillons de son
pris dans le commerce, puis j'ai lavé les résidus qu'ils ont
laissés par l'acide acétique, l'ammoniaque, la potasse, l'eau,
l'alcool, et enfin l'éther. Ils ont fourni pour 100 parties :

Cellulose ... 7,o 7,8 9,3 8,o Moyenne... 8,o

En rapprochant la moyenne de ces nombres de celle qui
représente la cellulose contenue dans le blé, et en suppo-

sant que toute la cellulose passe dans le son (ce qui n'est pas tout à fait exact, ainsi que je l'ai dit précédemment), on voit que le son, contenant 8,0 pour 100 de cellulose proviendrait d'un blé qui aurait fourni le cinquième de son poids de son; résultat qu'on obtient souvent en pratique par les procédés ordinaires de mouture.

Les résultats que je viens de mentionner s'accordent avec ceux que M. Millon a obtenus, puisque ce chimiste a trouvé, dans des sons de différente nature, 8 à 10 p. 100 de ligneux. Quant à la conclusion qu'il tire de l'analyse du son qu'il a publiée, *que le son est une matière essentiellement alimentaire*, sans contester autre chose que la nouveauté de cette assertion, car je crois qu'elle est très-généralement admise, je me permettrai de faire remarquer que la difficulté que présente la conservation du son dans la farine qu'on destine à la confection du pain me paraît résulter non-seulement de la présence de la cellulose, mais aussi de l'excès de matière grasse que le blutage sépare du blé moulu non moins utilement que la cellulose elle-même. Ainsi que M. Millon, j'ai trouvé que le son contient 3 à 3,5 pour 100 de matière grasse. Avant nous, MM. Dumas, Boussingault et Payen étaient arrivés au même résultat; M. Boussingault donne même l'analyse d'un son, qui, desséché à 100 degrés, contenait 5,5 pour 100 de matières grasses. A la vérité, 100 de blé avaient fourni seulement 13,7 de son. J'ai examiné comparativement beaucoup d'échantillons de sons et de farines retirés des mêmes blés, et je me suis assuré que la quantité de matières grasses retenue par les sons était ordinairement triple au moins de celles qui restent dans la farine. Ce fait trouve son explication si l'on considère que le germe du blé, si riche en matières grasses, doit être retenu en très-grande partie par l'enveloppe corticale à laquelle il adhère, et qui compose le son. Ainsi, la matière grasse des farines de belle qualité ne représente jamais au delà de 1 pour 100 de leur poids. Cette proportion, je la crois nécessaire à la confection du pain ; mais je crois aussi qu'elle ne peut pas être dépassée impunément quand il s'agit de fabriquer, non pas seulement du pain nutritif, mais, ce qui est un point capital en matière d'aliment, du pain d'un goût et d'un aspect agréables. Ce qui donne, en effet, au pain bis son œil grisâtre, cette sorte de translucidité, et la propriété de retenir plus d'eau que le pain blanc de première qualité, c'est moins la cellulose qu'il contient, que la matière grasse qui s'y trouve en plus forte proportion que dans le pain blanc. Cela me paraît surtout évident pour le pain fabriqué avec le seigle dont la farine contient, d'après M. Boussingault, 3,5 de matières grasses. Si ce pain est plus hygrométrique que celui de froment, s'il est plus difficile à fabriquer, quoiqu'il contienne à peu près la même proportion de principes azotés, c'est à cette proportion, relativement forte, de matières grasses qu'il faut attribuer ces différences. Ces observations n'ont pas pour but de révoquer en doute les améliorations que M. Millon propose d'introduire dans la fabrication du pain de munition, mais de montrer que la différence qui existe entre ce pain et le pain blanc ne réside pas seulement dans quelques centièmes de matière ligneuse en plus ou en moins, mais surtout, dans mon opinion, dans un excès de matière grasse, qui s'oppose à une panification aussi bonne que celle qu'on obtient avec les farines de première qualité. Je me propose, d'ailleurs, de revenir sur cette importante question, en étudiant la panification des différentes céréales.

ANALYSE DES BLÉS.

	No 1	No 2	No 3	No 4	No 5	No 6	No 7	No 8	No 9	No 10	No 11	No 12	No 13	No 14
	Blé blanc de Flandre.	Hardy-White.	Touselle blanche de Provence	Blé Polish Odessa.	Blé Hérisson	Poulard roux.	Poulard bleu conique (année moy°).	Poulard bleu conique année tr.-sèch.	Mitadin du Midi.	Blé de Pologne	Blé venant de la Hongrie	Blé d'Égypte	Blé d'Espagne.	Blé de Tanga-rock.
Eau............	14,6	13,6	14,6	15,2	13,2	13,9	14,4	13,2	13,6	13,2	14,5	13,5	15,2	14,8
Matières grasses......	1,0	1,1	1,3	1,5	1,2	1,0	1,0	1,2	1,1	1,5	1,1	1,1	1,8	1,9
Mat. azotées insolubles dans l'eau........	8,3	10,5	8,1	12,7	10,0	8,7	13,8	16,7	14,4	19,8	11,8	19,1	8,9	12,2
Mat. azotées solubles (albumine)........	2,4	2,0	1,8	1,6	1,7	1,9	1,8	1,4	1,6	1,7	1,6	1,5	1,8	1,4
Mat. soluble non azotée (dextrine)......	9,2	10,5	8,1	6,3	6,8	7,8	7,2	5,9	6,4	6,8	5,4	6,0	7,3	7,9
Amidon............	62,7	60,8	66,1	61,3	67,1	66,7	59,9	59,7	59,8	55,1	65,6	58,8	63,6	57,9
Cellulose.........	1,8	1,5	"	"	"	"	1,5	"	1,4	"	"	"	"	2,3
Sels............	"	"	"	1,4	"	"	1,9	1,9	1,7	1,9	"	"	1,4	1,6

N° 1. Blé blanc de Flandre dit blasé, récolté à Vienne, en Dauphiné, en 1841. De la collection de M. O. Leclerc Thouin.
N° 2. Blé d'origine écossaise, très-blanc, cultivé par M. Vilmorin, à Verrières, depuis 1839. Ce blé a été récolté en 1843.
N° 3. Blé très-tendre, très-blanc, récolté en 1842.
N° 4. Blé mêlé venant de la Pologne russe; il m'a été donné par M. P. Darblay.
N° 5. Blé tendre, semé en mars 1842.
N° 6 Blé demi-glacé, récolté en 1840 dans le département de la Loire-Inférieure.
N° 7. Blé demi-glacé, récolté à Verrières en 1844, par M. L Vilmorin.
N° 8. Le même, de la récolte de 1846.
N° 9. Blé demi-glacé. Cultivé aux environs d'Avignon.
N° 10. Blé très-dur, à grains très-allongés. Originaire de l'Afrique septentrionale. Des cultures de M. L. Vilmorin, à Verrières. Récolté en 1844.
N° 11. Blé que j'ai rapporté de Vienne, en Autriche, en 1845. C'est le blé qu'on emploie pour la confection du pain, à Vienne. Il vient de la province de Bana, en Hongrie.
N° 12. Blé à petits grains rouges, inégaux et raccornis.
N° 13 Blé donné par M. P. Darblay comme étant très-commun sur le marché de Paris. C'est un mélange de blé tendre et de blé dur.
N° 14. Blé très-dur donné par M. P. Darblay comme étant également très-abondant à Paris.
La cellulose et les cendres sont à déduire de l'amidon pour les blés n°ˢ 3, 5, 6, 11, 12; la cellulose est à déduire pour les blés n°ˢ 4, 8, 10 et 13.

Paris. — Imprimerie de BACHELIER, rue du Jardinet, 12.